BEI GRIN MACHT SICH IHR WISSEN BEZAHLT

- Wir veröffentlichen Ihre Hausarbeit,
  Bachelor- und Masterarbeit

- Ihr eigenes eBook und Buch -
  weltweit in allen wichtigen Shops

- Verdienen Sie an jedem Verkauf

Jetzt bei www.GRIN.com hochladen
und kostenlos publizieren

Inga Herrmann

Schadstoffbelastung von Lebensmitteln

GRIN Verlag

Bibliografische Information der Deutschen Nationalbibliothek:

Die Deutsche Bibliothek verzeichnet diese Publikation in der Deutschen National-
bibliografie; detaillierte bibliografische Daten sind im Internet über http://dnb.d-
nb.de/ abrufbar.

Impressum:

Copyright © 2011 GRIN Verlag GmbH
Druck und Bindung: Books on Demand GmbH, Norderstedt Germany
ISBN: 978-3-656-03676-0

Dieses Buch bei GRIN:

http://www.grin.com/de/e-book/180766/schadstoffbelastung-von-lebensmitteln

Leibniz Universität Hannover

Naturwissenschaftliche Fakultät

Inst. f. Physische Geographie und Landschaftsökologie

HS Umweltverhalten von Schadstoffen

WS 2010/2011

SCHADSTOFFBELASTUNG VON LEBENSMITTELN

Inga Herrmann

Master of Education:Englisch, Geographie

Fachsemester: 4

Inhaltsverzeichnis

1.   Einleitung

Befragt nach der Lebensmittelsicherheit in der heutigen Zeit gehen die (subjektiven) Einschätzungen von Lebensmittelexperten und Verbrauchern ziemlich weit auseinander.„Die Lebensmittel in Deutschland sind so sicher wie nie zuvor!", lassen erstere häufig verlauten. Verbraucher schätzen dies jedoch komplett anders ein. Laut aktuellen Umfragen ist jeder vierte Deutsche der Ansicht, dass sich die Lebensmittelsicherheit in den letzten 20 Jahren verschlechtert hat (vgl. THE EUROPEAN FOOD INFORMATION COUNCIL 2004). Nach OLTERSDORF befürchtet sogar jeder Dritte durch Nahrungsmittel eine Gefährdung seiner Gesundheit (vgl. 2003: 15). In Bezug auf die Gefahren, die von Lebensmitteln ausgehen, nennen deutsche Verbraucher an erster Stelle Rückstände von Pflanzenschutzmitteln. Deutlich geringe Bedeutung messen sie dagegen einem falschen Ernährungsverhalten oder natürlichen Giftstoffen bei (vgl. EUROPÄISCHE KOMMISSION 2006). Ob wir als Mensch ein Risiko wahrnehmen und wie wir es bewerten, hängt unter anderem von unserem Vorwissen und unseren persönlichen Erfahrungen ab.

Diese Arbeit setzt sich in ihrem Hauptteil mit aktuellen Daten zur Schadstoffbelastung sowohl von pflanzlichen als auch von tierischen Lebensmitteln auseinander. Die Ergebnisse der Lebensmittel- und Warenkorb-Monitorings werden hierbei nach den verschiedenen Quellen (Atmosphäre, Boden) sowie nach natürlichen/unnatürlichen Schadstoffen gegliedert.

Auf die Einleitung folgt ein Kapitel, das sich zunächst ganz allgemein mit den Quellen der in den Lebensmitteln enthaltenen Schadstoffe beschäftigt. Kapitel 3 widmet sich den rechtlichen Bestimmungen und Grenzwerten auf unterschiedlichen administrativen Ebenen und bildet somit die Grundlage für eine Bewertung der in Kapitel 4 präsentierten Ergebnisse. Im 5. Kapitel dieser Arbeit werden Produkte konventionellen und ökologischen Landbaus miteinander verglichen, bevor die Arbeit in Kapitel 6 mit einem Fazit und Ausblick schließt.

2.   Quellen der Schadstoffe in Lebensmitteln

Unerwünschte Stoffe können aus den verschiedensten Quellen und auf den unterschiedlichsten Wegen in Lebensmittel gelangen. Nach ihrer Herkunft kann man dabei folgende Gruppen unterscheiden (vgl. DIRSCHAUER/KESSNER/JURETZKO 2009: 5):

- <u>Rückstände aus der landwirtschaftlichen Produktion</u> *(z. B. Nitrat)*

    Rückstände sind Reste von Stoffen, die absichtlich oder zielgerichtet während der Produktion pflanzlicher oder tierischer Lebensmittel (z.B. Pflanzenschutzmittel, Tierarzneimittel) oder während ihrer Lagerung (z. B. Vorratsschutzmittel) eingesetzt werden. Wenn diese Stoffe oder deren Umwandlungsprodukte während der Lebenszeit der Pflanzen oder Tiere bzw. bis zum Verzehr des Lebensmittels nicht vollständig abgebaut oder ausgeschieden werden, treten sie als Rückstände in Lebensmitteln auf.

- <u>Verunreinigungen aus der Umwelt</u> *(z. B.Quecksilber, Dioxine)*

Als Verunreinigungen oder Kontaminanten bezeichnet man solche Stoffe in Lebensmitteln, die unbeabsichtigt vor, während oder nach der Verarbeitung der Lebensmittelrohstoffe in das verzehrfähige Lebensmittel gelangen.

Verunreinigungen können aus der Umwelt (also aus dem Boden, dem Wasser, der Luft) aber auch aus technischen Geräten oder Verpackungen stammen. Es handelt sich bei Verunreinigungen nicht nur um Verschmutzungen im üblichen Sinne wie Sand, Insektenteile, Federn, Mäusekot, etc., sondern auch um kleinste Mengen an Fremdstoffen in oder auf dem Lebensmittel. Verunreinigungen sind grundsätzlich unerwünscht, in vielen Fällen aber nicht völlig zu vermeiden.

- <u>Stoffe, die bei der Be- und Verarbeitung sowie Zubereitung von Lebensmitteln entstehen</u> *(z. B.Acrylamid)*

Durch Entwicklung moderner Analysemethoden ist es heute möglich, auch kleinste Spuren eines Stoffes im Lebensmittel nachzuweisen und mengenmäßig zu bestimmen. Das bloße Auffinden eines Stoffes sagt aber noch nichts darüber aus, ob der Verzehr des Lebensmittels gesundheitlich bedenklich ist. Entscheidend ist, inwieweit der vorgefundene Gehalt sich dem Wert nähert, von dem eine schädigende Wirkung ausgehen könnte.

- <u>Stoffe aus Lebensmittelverpackungen, -gefäßen, -papieren oder –folien</u> *(z. B. Weichmacher, Antihaftbeschichtungen oder Druckfarben von Lebensmittelverpackungen)*

-

- <u>Natürlicherweise in Lebensmitteln vorkommende Stoffe</u>

-

3. Rechtsvorschriften und Verbraucherschutz

Zum Schutz der Verbraucher vor gesundheitlichen Gefährdungen durch unerwünschte Stoffe sind sowohl EU-weit als auch auf nationaler Ebene eine Vielzahl von zum Teil sehr detaillierten Vorschriften erlassen worden. Diese Vorschriften dienen dem Zweck, möglichst niedrige Gehalte an Schadstoffen in Lebensmitteln zu gewährleisten. Sie greifen von der landwirtschaftlichen Erzeugung über die Lebensmittelverarbeitung bis hin zum verzehrfertigen Lebensmittel. Die Rechtsvorschriften können sowohl Verbote für bestimmte (Schad-) Stoffe als auch Nutzungsbeschränkungen und Höchstmengen enthalten. Auf nationaler Ebene kontrollieren die amtlichen Lebensmittelüberwachungen der Bundesländer die Einhaltung der Bestimmungen. Wie es auf der Homepage des BMELV (Bundesministerium für Ernährung, Landwirtschaft und Verbraucherschutz) heißt,

> „kontrollieren die Überwachungsämter stichprobenhaft Betriebe, die Lebensmittel verkaufen oder verarbeiten. Hinzu kommen Kontrollen bei berechtigten Verbraucherbeschwerden oder Lebensmittelskandalen. Bei den Betriebskontrollen werden auch Lebensmittelproben gezogen, die im Labor analysiert werden".

3.1 EU-Vorschriften

Innerhalb der Europäischen Union gibt es für eine Reihe von Lebensmitteln verbindliche gesetzlich festgelegte Höchstgehalte für bestimmte Stoffe. Siehe *Tabelle 1* für eine Übersicht.

STOFF		LEBENSMITTEL
Nitrat		Spinat und Kopfsalat
Mykotoxine *(Schimmelpilzgifte, z. B. Aflatoxine, Ochratoxin A, Patulin)*		verschiedenen pflanzliche Lebensmitteln
Blei und Cadmium		zahlreichen Lebensmitteln tierischer und pflanzlicher Herkunft
Quecksilber		Fischereierzeugnissen
Anorganisches Zinn	**IN**	Lebensmittelkonserven und Dosengetränken
Dioxine, Furane, PCBs *(polychlorierte Biphenyle)*		zahlreichen Lebensmitteln tierischer Herkunft
3-MCPD *(3-Monochlorpropan-1,2-diol)*		hydrolisiertem Pflanzenprotein und Sojasoße
PAKs *(Polyzyklische aromatische Kohlenwasserstoffe)*		Fischerei- und geräucherten Fleischerzeugnissen

Tab.1 EU-weit geltende Höchstgehalte für Kontaminanten in Lebensmitteln, **Quelle:** eigene Darstellung nach DIRSCHAUER/KESSNER/JURETZKO 2009: 6ff.

Um einen Eindruck von der Ausgestaltung von EU-Verordnungen zu bekommen, finden sich die ersten zwei Seiten der EU-Verordnung „Zur Festlegung der Probenahmeverfahren und Analysemethoden für die amtliche Kontrolle des Mykotoxingehalts von Lebensmitteln" (EUROPÄISCHE KOMMISSION 2006: 1) im Anhang dieser Arbeit.

Darüber hinaus gibt es auf EU-Ebene weitere Verordnungen über Tierarzneimittelrückstände, über Rückstandshöchstgehalte für Pflanzenschutzmittel (seit dem 1. September 2008) und schließlich eine Verordnung über im Lebensmittelkontakt eingesetzte Materialien.

Die erst genannte Verordnung legt Rückstandshöchstmengen für Tierarzneimittel in Fleisch, Fisch, Milch, Eiern und Honig fest. Darüber hinaus bestimmt sie, welche Arzneimittel nicht bei lebensmittelliefernden Tieren angewendet werden dürfen.

Die Verordnung über im Lebensmittelkontakt eingesetzte Materialien regelt, dass z. B. Stoffe, die in Verpackungen enthalten sind, nicht auf Lebensmittel übergehen dürfen. Kommt dies dennoch vor, ist das nur unter drei Voraussetzungen zulässig. Erstens dürfen die Gehalte die menschliche Gesundheit nicht gefährden, zweitens dürfen sie zu keiner unvertretbaren Veränderung der Zusammensetzung der Lebensmittel führen und nicht zuletzt dürfen sie zu keiner geruchlichen sowie geschmacklichen Beeinträchtigung des Lebensmittels führen (vgl. MEYER/STREINZ2002: 38).

3.2   Nationale Regelungen

Auf nationaler Ebene ist das wichtigste Gesetz zum Schutz des Verbrauchers das Lebensmittel- und Futtermittelgesetzbuch (LFGB). Es kann als Rahmengesetz bezeichnet werden und enthält allgemeine Ge- und Verbote, die den Verbraucher vor Gesundheitsschäden und Täuschung schützen sollen. Wie es in der Informationsbroschüre des AID heißt, müssen „alle Beteiligten von der Herstellung bis zum Verkauf dafür sorgen, dass Beschaffenheit und Bezeichnung eines Lebensmittels den gesetzlichen Bestimmungen entsprechen" (DIRSCHAUER/KESSNER/JURETZKO 2009: 8).Das LFGB ergänzt die EU-weit geltende Kontaminantenverordnung durch fünf detaillierte nationale Regelungen. Dazu zählen neben der Schadstoff-, der Mykotoxin- und der Rückstands-Höchstmengenverordnung auch die Diätverordnung sowie die Trinkwasser-Verordnung.

Die Diätverordnung besteht aus besonders strengen Vorschriften für die Nahrung von Kleinkindern und Säuglingen. Die Höchstmengen liegen hier weit unter den für Lebensmittel des allgemeinen Verzehrs gültigen Werten. Ein Beispiel stellt die Rückstandshöchstmenge von Pflanzenschutzmitteln dar. Sie beträgt allgemein 0,01 mg/kg, für das im Tierversuch krebserregende Herbizid Nitrofen sind es sogar nur 0,003 mg/kg. Diese Werte kommen praktisch einer Rückstandsfreiheit gleich (vgl. MEYER/STREINZ 2002: 43).

In der Trinkwasser-Verordnung schließlich sind die Höchstmengen für Kontaminanten im Trinkwasser, wie z. B. Nitrate, Blei, organische Chlorverbindungen sowie Pflanzenschutz- und Schädlingsbekämpfungsmittel, verankert.

3.3   Grenzwerte in der Risikobewertung

Ein Risiko von Rückständen beurteilen die Kontrolleure der amtlichen Lebensmittelüberwachung auf der Grundlage von zwei Werten: dem ADI und der ARfD.

3.3.1 Acceptable Daily Intake (ADI)

Der ADI (deutsch: ETD – **E**rlaubte **T**ages**d**osis) bezeichnet die Dosis eines Lebensmittelzusatzstoffs aber auch anderer Substanzen, wie etwa Pestizide oder Medikamente, die ein Verbraucher ein Leben lang täglich ohne erkennbares Gesundheitsrisiko aufnehmen kann. Unter Berücksichtigung der geschätzten mittleren Aufnahmemenge des Lebensmittels und dem durchschnittlichen Körpergewicht eines Erwachsenen wird die höchstzulässige Menge eines unerwünschten Stoffes berechnet. Dabei werden die Höchstmengen so gering wie möglich festgesetzt, um zu verhindern, dass der Verbraucher durch eine gelegentliche Überschreitung gefährdet wird. Der ADI dient der Bewertung eines chronischen Risikos. Der Wert wird in Milligramm bzw. Mikrogramm pro Kilogramm Körpergewicht angegeben.

Zur Bestimmung des ADI-Wertes wird durch Fütterungsversuche an Ratten und Mäusen, beobachtet, bis zu welcher Menge an den Versuchstieren keine erkennbaren Schädigungen auftreten. Der ermittelte Wert wird durch den Sicherheitsfaktor "100" geteilt. Der Sicherheitsfaktor errechnet sich aus zwei Gegebenheiten: Zum einen reagieren die Versuchstiere nicht gleichmäßig auf die ihnen verabreichten Substanzen. Darum wird der ermittelte ADI-Wert durch 10 dividiert. Zum anderen soll ein weiterer Faktor 10 für den nötigen "Sicherheitsabstand" sorgen. Der ermittelte Wert wird also nochmals durch 10 dividiert. Der ADI-Wert wird von internationalen Expertengremien festgelegt (vgl. TERNES et. al. 2005: 19).

3.3.2 Akute Referenzdosis (ARfD)

Die akute Referenzdosis ist ein zweiter „toxikologischer Referenzwert im Zusammenhang mit der gesundheitlichen Beurteilung von unerwünschten Stoffen in Lebensmitteln" (DIRSCHAUER/KESSNER/JURETZKO 2009: 9). Sie wird zur Bewertung eines akuten Risikos herangezogen. Sie ist von der Weltgesundheitsorganisation (WHO) definiert als diejenige Substanzmenge pro kg Körpergewicht, die mit einer Mahlzeit oder innerhalb eines Tages ohne erkennbares Risiko für den Verbraucher aufgenommen werden kann. Die Menge wird nur für solche Stoffe festgelegt, die aufgrund ihrer akuten Toxizität schon bei einmaliger oder kurzzeitiger Exposition gesundheitliche Schädigungen hervorrufen können. Die Überschreitung des Wertes löst eine Meldung an das Europäische Schnellwarnsystem aus, das Lebensmittel ist daher nicht mehr verkehrsfähig.

4. Aktuelle Ergebnisse von Lebensmittel-Monitorings

Dieses Kapitel präsentiert ausgewählte Ergebnisse von Lebensmittel- und Warenkorb-Monitorings der zurückliegenden Jahre. Die Gliederung der Unterkapitel verdeutlicht *Tabelle 2*. Der Fokus liegt zunächst auf pflanzlichen Lebensmitteln. Innerhalb der Betrachtung werden nacheinander Schadstoffe unterschiedlicher Quellen bzw. Schadstoffe aus den zwei Umweltmedien Atmosphäre und Boden näher beleuchtet. Ein weiteres Unterkapitel wird den Mehrfachrückständen gewidmet. Im Kapitel ‚Tierische Lebensmittel' wird neben dem Prinzip des *Carry Over* auch auf Tierarzneimittelrückstände in Lebensmitteln eingegangen. Kapitel 4.3 widmet sich schließlich den unerwünschten Stoffen aus der Be- und Verarbeitung.

PFLANZLICHE LEBENSMITTEL (Kap. 4.1)	
Schadstoffe aus der Atmosphäre	
Schadstoffe aus dem Boden	
natürliche Schadstoffe	*unnatürliche Schadstoffe*
Mehrfachrückstände	
TIERISCHE LEBENSMITTEL (Kap. 4.2)	
‚Carry Over'	
Tierarzneimittelrückstände	
UNERWÜNSCHTESTOFFE AUS DER BE- UND VERARBEITUNG (Kap. 4.3)	

Tab.2 Aufbau des vierten Kapitels

4.1 Pflanzliche Lebensmittel

4.1.1 Schadstoffe aus der Atmosphäre

In Bezug auf anthropogen verursachte atmosphärische Schadstoffe, als Folge der Industrialisierung, fanden in den letzten 20 Jahren wirksame Emissionsbegrenzungen bei den wichtigsten Industriequellen (z. B. Großfeuerungs- und Abfallverbrennungsanlagen) statt. Diese brachten erhebliche Minderungen der Schwermetallemissionen in die Luft mit sich. Ein weiterer Grund für die Minderungen kann in der flächendeckenden Einführung von bleifreiem Benzin gesehen werden, die Bleiemissionen aus dem Verkehr spielen heutzutage so gut wie keine Rolle mehr. Auch haben in der jüngeren Vergangenheit wesentliche Reduzierungen von Schwermetalleinleitungen in Gewässer stattgefunden.

Zum Schutz des Verbrauchers wurden EU-weit Höchstgehalte für Blei, Cadmium und Quecksilber in verschiedenen Lebensmitteln festgesetzt. Ergebnisse von Lebensmittelanalysen zeigen, dass es seit Jahren einen rückläufigen Trend bei der Verunreinigung pflanzlicher Lebensmittel mit Blei gibt. Dieser Trend gründet sich auf die Wirksamkeit der bisherigen Emissionsminderungsmaßnahmen. Quecksilber findet sich in pflanzlichen Lebensmitteln in sehr geringer Konzentration. Eine Ausnahme stellen einige Wildpilze dar. Bei üblichen Verzehrgewohnheiten ist eine Gesundheitsgefährdung durch Schwermetalle in Lebensmitteln nicht erkennbar (vgl. DIRSCHAUER/KESSNER/JURETZKO 2009: 19).

4.1.2 Schadstoffe aus dem Boden

4.1.2.1 Natürliche Schadstoffe

<u>Mykotoxine</u>

Schadstoffe, die aus dem Boden in die Nahrung gelangen, können natürlicher oder unnatürlicher Art sein. Zu den ersteren zählen die Mykotoxine oder auch Schimmelpilzgifte. Von ihrem Befall sind vor allem Weizen und Mais stark betroffen und gefährdet. Darüber hinaus auch Reis, Hirse und Nüsse sowie getrocknete Früchte und zahlreiche Gewürze.

Die Bedingung, die ein optimales Wachstum von Schimmelpilzarten ermöglicht, ist das gleichzeitige Vorhandensein von Kohlehydraten, pflanzlichen und tierischen Ölen sowie Stickstoffverbindungen. Diese sorgen, unter Einfluss von Wärme, einem günstigen pH-Wert und einem ausreichenden Wassergehalt für ein starkes Wachstum. Sie treten deshalb besonders in subtropischen und tropischen Gebieten auf (vgl. BAYRISCHE LANDESANSTALT FÜR LANDWIRTSCHAFT 2010).

Es gibt mehrere Wege, wie Mykotoxine in die Nahrung gelangen können. Zum einen über den Prozess der **Primärkontamination**. Hierbei werden die Lebensmittelrohstoffe von den Toxinbildnern befallen und dadurch toxinhaltig. Während der weiteren Verarbeitung wird das Pilzmycel stark zerkleinert und fein verteilt. Aus landwirtschaftlicher Sicht werden die mykotoxinbildenden Pilze in sogenannte Feldpilze und Lagerpilze unterteilt. Feldpilze siedeln sich meist auf grünen Pflanzen an und können Pflanzenkrankheiten mit Ernteverlusten verursachen, z. B. Fusarium im Getreide. Lagerpilze treten meist erst nach der Ernte bei der Lagerung auf (z. B. in feuchtem Heu, Getreide, verdorbener Silage, aber auch Apfelfäulen wie Gloeosporium).

Eine zweite Möglichkeit stellt die **Sekundärkontamination** dar. Hierbei wird das fertige Lebens- oder Futtermittel mit Mykotoxinen kontaminiert. Die Pilzkolonien sind gut sichtbar.

Schließlich können Mykotoxine durch das so genannte **Carry-Over**in die Nahrung gelangen. Beim Carry-Over werden von Nutztieren toxinhaltige Futtermittel aufgenommen und einzelne Mykotoxine können in unveränderter oder metabolisierter (d. h. veränderter) Form abgelagert oder ausgeschieden werden. Fleisch, Eier, Milch, Milchprodukte und Innereien können also Mykotoxine enthalten, ohne dass das Produkt selbst verschimmelt ist (vgl. BAYRISCHE LANDESANSTALT FÜR LANDWIRTSCHAFT 2010).

Nachdem nun die Wege von Mykotoxinen in die menschliche Nahrung beschrieben wurden, soll nun anhand einer aktuellen Untersuchung unterschiedlicher Reissorten auf die Belastungssituation von Lebensmitteln mit Mykotoxinen eingegangen werden.

In der Untersuchung wurden 88 Proben Reis auf die AflatoxineB1, B2, G1 und G2 untersucht. Sie treten vor allem als Kontaminanten von pflanzlichen Lebensmitteln auf. Aflatoxine sind Schimmelpilzgifte. Aflatoxin B1 ist ein blauer, kristalliner Feststoff. Er ist der am stärksten Krebs erzeugende Pflanzenstoff und ist insgesamt am gefährlichsten einzustufen (siehe Tab. 3). Es besitzt darüber hinaus eine hohe akute Toxizität, denn bereits kleinste Mengen führen zu Leberschädigungen. Insgesamt sind heute 6 verschiedene Aflatoxine bekannt: B1, B2, G1, G2, M1, M2.

<table>
<tr><td colspan="2">Gesundheitsgefährdung</td></tr>
<tr><td>•</td><td>Beeinträchtigung der Fortpflanzungsfähigkeit möglich</td></tr>
<tr><td>•</td><td>Bewusstlosigkeit</td></tr>
<tr><td>•</td><td>Kann bei Neugeborenen zu Entwicklungsstörungen führen</td></tr>
<tr><td>•</td><td>Sehr giftig beim Einatmen, Verschlucken und Berührung mit der Haut</td></tr>
<tr><td colspan="2">Grenzwert, Richtwerte, Einstufungen</td></tr>
<tr><td>•</td><td>Letale Dosis bei Erwachsenen: 1-10 mg/kg</td></tr>
<tr><td>•</td><td>Aflatoxin B1 in Lebensmitteln: 2 µg/kg</td></tr>
<tr><td>•</td><td>Summe Aflatoxin B1, B2, G1, G2 (Gesamtaflatoxingehalt): 4 µg/kg</td></tr>
<tr><td>•</td><td>Aflatoxin B1 in Kindernahrung: 0,05 µg/kg</td></tr>
<tr><td>•</td><td>Aflatoxin M1 in Milch (für Säuglinge): 0,01 µg/kg</td></tr>
</table>

Tab. 3 Eigenschaften von Aflatoxin B1, **Quelle:** eigene Darstellung nach NIEDERSÄCHSICHES LANDESAMT FÜR VERBRAUCHERSCHUTZ UND LEBENSMITTELSICHERHEIT

Die Ergebnisse der Untersuchung ergaben Folgendes. In 6,8 % der Proben wurde das Aflatoxin B1 nachgewiesen, in immerhin noch 3,4 % der Proben das Aflatoxin B2.Der EU-weite Höchstgehalt für Aflatoxin B1 (2,0 µg/kg; vergl. Tab. 2 →letale Dosis) wurde bei einer Probe unbekannter Herkunft überschritten. Besonders positiv fiel auf, dass die Gehalte des Schimmelpilzgifts Aflatoxin in Pistazien sogar nur bei einem Fünzigstel des Wertes von 1999 lagen (vgl. BVL 2009).

<u>Nitrat</u>

Nitrat nimmt innerhalb der Kategorie Schadstoffe aus dem Boden eine Sonderstellung ein, da es zunächst ein natürlicher Pflanzenstoff ist. Gleichzeitig ist Nitrat aber auch ein Düngemittel. Nitrat ist ein natürlich vorkommender Stoff, den die Pflanzen zum Wachstum benötigen. Sie brauchen Nitrate als Stickstoffquelle, um daraus Proteine (Eiweiße) aufzubauen. Ein hoher Nitratgehalt ist jedoch für den Menschen gesundheitsschädigend. Unter bestimmten Bedingungen entstehen aus Nitrat die Umwandlungsprodukte Nitrit und Nitrosamine, die im Tierversuch Krebs erregend sind.

Einige Salat- und Gemüsesorten speichern von Natur aus mehr Nitrat als andere. Dazu zählen neben Spinat, Kopfsalat, Rucola und Rettich auch Radieschen und Rote Bete. Für eine Übersicht über Gemüse mit hohem, mittlerem und niedrigem Nitratgehalt siehe *Tabelle 4*.

Gemüse mit hohem Nitratgehalt	Gemüse mit mittlerem Nitratgehalt	Gemüse mit niedrigem Nitratgehalt
(d.h. 1000-4000 mg / kg Frischmasse)	(d.h. 500-1000 mg / kg Frischmasse)	(d.h. < 500 mg / kg Frischmasse)
Eisbergsalat Endiviensalat Feldsalat Kopfsalat Rucola Spinat Mangold Rote Bete Radieschen Rettich	Möhren Knollensellerie Auberginen Zucchini Blumenkohl Chinakohl Grünkohl Kohlrabi Weißkohl Rotkohl Wirsing	Gurken Paprika Tomaten Rosenkohl Erbsen grüne Bohnen Knoblauch Zwiebeln Porree Kartoffeln

Tab. 4Nitratgehalte in unterschiedlichen Gemüsesorten, **Quelle:**eigene Darstellung nach BAYRISCHES LANDESAMT FÜR GESUNDHEIT UND LEBENSMITTELSICHERHEIT 2008

Da die Sonneneinstrahlung Einfluss auf den Nitratgehalt hat, kommen die höchsten Nitratgehalte in den lichtarmen Frühjahrs- und Herbstmonaten vor. Auch aufgrund von Überdüngung kann der Nitratgehalt in Pflanzen besonders stark ansteigen.

Trotz EU-weit gültiger Nitratgehalte hat sich der Gehalt in bestimmten Gemüsesorten nicht verringert. Legt man die Ergebnisse des Lebensmittel-Monitorings 2008 zugrunde lagen in 23% aller Kopfsalat-Proben die Nitratgehalte über den zulässigen Höchstmengen (vgl. BVL 2009).

Cadmium

Schokolade gehört zu den Lebensmitteln, die Cadmium enthalten können. Cadmium kann beim Menschen Nierenschäden verursachen und gilt bei Aufnahme über die Atemwege als krebserzeugend. Das Bundesinstitut für Risikobewertung (BfR) hat einen Höchstgehalt für Cadmium in Schokolade vorgeschlagen, nachdem es die mögliche Cadmiumzufuhr durch Schokoladenverzehr und deren gesundheitliche Folgen bewertet hat (vgl. SCHAFFT/ITTER 2009: 7).

Schokoladen unterscheiden sich je nach Kakaoanteil. Bei so genannter Bitterschokolade liegt der Kakaoanteil zwischen ca. 50 und 99 %. Wesentliche Bestandteile von Schokolade sind gemahlene Kakaobohnen, die als Kakaomasse bezeichnet werden. Je nach Beschaffenheit des Bodens haben Kakaobohnen und die daraus hergestellte Kakaomasse sehr unterschiedliche Cadmiumgehalte. Besonders Schokolade mit einem hohen Kakaomasseanteil, wie beispielsweise Bitterschokolade, kann hohe Cadmiumgehalte aufweisen.

4.1.2.2 Unnatürliche Schadstoffe

Unnatürliche Schadstoffe aus dem Boden sind in nicht unerheblichem Umfang Pflanzenschutzmittel. Sie werden angewendet, um Pflanzen vor Schadorganismen und nichtparasitären Beeinträchtigungen (z. B. Insekten, Mikroorganismen, Krankheiten) zu schützen. Unter dem Oberbegriff Pflanzenschutzmittel werden aber auch Stoffe gefasst, die Pflanzen abtöten, das Wachstum regulieren oder die Keimung hemmen. Nach Einsatzgebieten unterscheidet man u. a. Akarizide, Fungizide, Insektizide und Herbizide.

Pflanzenschutzmittel werden sowohl in der landwirtschaftlichen Produktion als auch bei Transport und Vorratshaltung eingesetzt. Sie dürfen nur nach einer vorausgegangenen Zulassung angewendet werden.V ornehmlich setzt man sie aus dreierlei Gründen ein: in erster Linie aus Gründen der Ertragssicherung und –steigerung, darüber hinaus spielen auch die Qualitätssicherung und die Arbeitserleichterung eine große Rolle.

Auch bei sachgerechter Anwendung von Pflanzenschutzmitteln können Rückstände in Lebensmitteln auftreten. Durch die Zulassung muss jedoch sichergestellt sein, dass trotzdem keine gesundheitlichen Risiken auf Mensch und Tier ausgeübt werden. Beim gewerbsmäßigen Inverkehrbringen von Lebensmitteln dürfen die gesetzlich festgelegten Rückstandshöchstgehalte nicht überschritten werden. Die Rückstandshöchstgehalte werden unter Zugrundelegung strenger international anerkannter wissenschaftlicher Maßstäbe so niedrig wie möglich und niemals höher als toxikologisch festgesetzt.

Im Pflanzenschutzrecht sind auch einige persistente Organchlorverbindungen geregelt wie DDT, Heptachlorbenzol (HCB) und Heptachlor. Sie wurden in der Vergangenheit weltweit als Insektizide eingesetzt, sind allerdings seit mittlerweile vielen Jahren EU-weit verboten. Dennoch werden diese Wirkstoffe oder deren Abbau- und Umwandlungsprodukte häufig noch in geringen Mengen in bestimmten Lebensmitteln tierischer Herkunft gefunden. Dies ist so, da sie aufgrund ihrer Beständigkeit, Fettlöslichkeit und Mobilität mittlerweile ubiquitär verbreitet sind und somit als Umweltkontaminanten in die Nahrungskette gelangen (vgl. DIRSCHAUER/KESSNER/JURETZKO 2009:13f.).

Aktuelle Daten zur Belastungssituation zeigen, dass etwa jede zweite Probe Rückstände enthält. Manche Obst- und Gemüsesorten stachen durch deutliche Überschreitungsraten und Rückstände von sogar gleich mehreren Wirkstoffen hervor.

Bei den Grundnahrungsmitteln Reis, Weizen und Roggen wurden in den Jahren 2005, 2006 und 2007 keine oder nur vereinzelte Überschreitungen der gesetzlichen Höchstmengen festgestellt. Bei der Untersuchung von Kopfsalat, Äpfeln, Zuchtchampignons, Grün- und

Wirsingkohl im Lebensmittel Monitoring 2007 kam heraus, dass bei allen Früchten die Höchstmengen für Pflanzenmittelrückstände häufig überschritten wurden.

Einige Proben von Kopfsalat, Grünkohl, Austernseitlingen und Tomaten waren so hoch belastet, dass sogar bei einmaligem Verzehr gesundheitliche Risiken nicht auszuschließen sind. Die akute Referenzdosis wurde in diesen Fällen überschritten.

Kritisch bewertete Lebensmittel des Monitorings 2006 waren vor allem Weintrauben, Paprika und Rucola. Die in ihnen enthaltenen Rückstände überschritten häufig und zum Teil erheblich die zulässigen Höchstwerte – über die akute Referenzdosis hinaus.

In den Untersuchungen wiesen deutsche Äpfel häufiger Rückstände von Pflanzenschutzmitteln auf, überschritten aber deutlich seltener die zulässigen Höchstmengen als z. B. südamerikanische Früchte (3% zu 17%).

Deutlich positivere Ergebnisse konnten bei Roggen, Honig, Porree, Radieschen, Rettich, Nektarinen und Bier konstatiert werden. Diese Lebensmittel waren laut des Lebensmittel Monitorings 2007 nur geringfügig mit unerwünschten Stoffen belastet (vgl. BVL2006, 2007, 2008).

4.1.3 Mehrfachrückstände

In durchschnittlich jeder zweiten Probe des Lebensmittel-Monitorings aus dem Jahr 2006 fanden sich Rückstände von gleich mehreren Wirkstoffen. Die Häufigkeit von Mehrfachrückständen ist in den letzten Jahren um ca. zehn Prozent gestiegen.

Die Untersuchung von europäischen Weintrauben im selben Jahr hat gezeigt, dass diese vereinzelt bis zu 20 unterschiedliche Substanzen enthielten. Insgesamt enthielten sogar 80 % der Proben Mehrfachrückstände (vgl. BVL 2006: 52). Bei Untersuchungen aus dem Jahr 2007 konnten Mehrfachrückstände von Pflanzenschutzmitteln vor allem in Salaten nachgewiesen werden.79 % der Proben von Kopfsalat und 72 % der Proben von Römischen Salat waren mehrfach belastet. Aber auch 40 % aller im selben Jahr getesteten Proben von Paprikapulver enthielten mindestens fünf Rückstände.

Untersuchungen haben wiederholt gezeigt, dass sich der Rückstandsgehalt teilweise deutlich mit der Jahreszeit ändert(vgl. DIRSCHAUER/KESSNER/JURETZKO 2009: 15). Bei Kopfsalat und Tafelweintrauben beispielsweise ist der Anteil der Proben mit Rückständen im Winter höher, bei Äpfeln ist der Anteil der Proben mit Rückständen im Sommer höher. Der Grund ist darin zu sehen, dass viele Obst- und Gemüsesorten außerhalb ihrer natürlichen

Wachstumsperiode nur mit Hilfe eines stärkeren Einsatzes an Pflanzenschutzmitteln angeboten werden können.

4.2   Tierische Lebensmittel

Wenn tierische Lebensmittel mit Schadstoffen belastet sind, so geschieht dieses häufig durch den Prozess des Carry Over, der schon an früherer Stelle in dieser Arbeit erläutert wurde. Durch diesen Prozess gelangen Verunreinigungen in tierische Lebensmittel. Dies ist möglich, wenn Futtermittel solche unerwünschten Stoffe enthalten, die in tierische Lebensmittel übergehen. Die wichtigsten Stoffgruppen, mit denen Lebensmittel verunreinigt sein können, sind Schwermetalle und schwer abbaubare Organchlorverbindungen.

Darüber hinaus können tierische Lebensmittel mit Tierarzneimittelrückständen und Futtermittel-Zusatzstoffen verunreinigt sein. Für jedes Arzneimittel, das zur Anwendung bei Tieren, die der Lebensmittelerzeugung dienen, zugelassen ist, gelten Wartezeiten zwischen der Verabreichung an das Tier und der Lebensmittelgewinnung, d. h. der Schlachtung oder dem Milchentzug. Finden sich also Rückstände in tierischen Lebensmitteln sind sie demzufolge das Resultat aus der Nichteinhaltung der Wartezeit oder der Überschreitung der erforderlichen Dosis. In Bezug auf Antibiotika ist zu konstatieren, dass jährlich zwei Prozent aller geschlachteten Kälber auch Rückstände von antimikrobiell wirksamen Stoffen untersucht werden. In den letzten fünf Jahren war der Anteil der belasteten Proben konstant bei < 0,2%.

In Rückstandskontrollen im Jahr 2007 wurden Stichproben sämtlicher Fleischsorten und anderer tierischer Erzeugnisse auf Antibiotika untersucht. Bei den Lebensmitteln Fleisch, Milch und Honig wies lediglich jede 400. Probe positive Rückstandsbefunde auf. Bei Schweinefleisch und Eiern war die Belastung im Vergleich zum Vorjahr konstant. Bei Rind- und Schaffleisch ebenso wie bei Aquakulturen und Milch war ein leichter Anstieg der positiven Befunde zu verzeichnen.

Diese Substanzen sind insbesondere deshalb unerwünscht, weil sie zur Resistenzentwicklung bei krankheitserregenden Bakterien führen können. Im Darm der Tiere, im Mist und in der Gülle können sich bei dauerhaftem Kontakt mit Antibiotika widerstandsfähige Erreger bilden. Diese gelangen dann über tierische Erzeugnisse in die Nahrung des Menschen. Damit geht einher, dass Arzneimittel dann beim Menschen ihre Wirkung gegen krankheitserregende Mikroorganismen verlieren (vgl. BAYRISCHES LANDESAMT FÜR GESUNDHEIT UND LEBENSMITTELSICHERHEIT 2008).

4.3   Unerwünschte Stoffe aus der Be- und Verarbeitung

Sowohl bei der Be- und Verarbeitung von Lebensmitteln in der Industrie sowie bei der Zubereitung von Lebensmitteln im Haushalt können unerwünschte Stoffe entstehen. Neben polyzyklischen aromatischen Kohlenwasserstoffen (PAKs) zählen dazu unter anderem auch Acrylamid und Nitrosamine.

Polyzyklische aromatische Kohlenwasserstoffe entstehen, wenn Lebensmittel sehr hoch erhitzt werden, was z. B. beim Räuchern von Fisch oder Fleisch der Fall ist. In der jüngeren Vergangenheit wurden die Gehalte an PAKs durch Festlegung von Höchstmengen für Rauchkondensate und verbesserte Produktionsverfahren gesenkt. Hohe PAK-Konzentrationen entstehenbei der Zubereitung von Lebensmitteln im Haushalt, wenn Fisch oder Fleisch über offenem Feuer oder über Holzkohleglut gegrillt wird. In die Glut tropfendes Fett verbrennt dann zu PAK und schlägt sich mit dem Qualm auf das Grillgut nieder.

Noch vor einigen Jahren waren hohe PAK Gehalte auch in Mehl sowie in unterschiedlichen Obst- und Gemüsesorten an der Tagesordnung. Mit der Abnahme der Kontamination der Luft mit PAK aus Kfz-Abgasen und Heizkraftwerken u. A. ist auch die Ablagerung auf Nutzpflanzen zurückgegangen (vgl. BfR 2006: 1).

Acrylamid ist eine Substanz, die bei starker Erhitzung, also beispielsweise beim Frittieren, Backen und Rösten, nicht jedoch beim Kochen, von stärkereichen Lebensmitteln entsteht. Im Jahr 2002 war diese Substanz in aller Munde, weil hohe Gehalte u. a. in Pommes, Chips und Knäckebrot gefunden wurden (siehe dazu auch Anhang 1; Artikel aus *Die Zeit)*. Mittlerweile lässt sich die Aufnahme des Stoffs „durch Verbesserungen der Herstellungsweise und Beachtung einiger Tipps bei der Zubereitung im Haushalt deutlich verringern" (DIRSCHAUER/KESSNER/JURETZKO 2009:22).

Nitrosamine schließlich können bei Trocknungsvorgängen, Pökelung und Räucherung im Lebensmittel entstehen. Ein gesundheitliches Risiko durch Nitrosamine in der Nahrung wird heutzutage allerdings als sehr gering eingeschätzt, da seit Mitte der 1980er Jahre die Kontamination der Nahrung mit Nitrosaminen stark abgenommen hat. Wie es auf der Homepage des VIS (Verbraucherinformationssystem Bayern) heißt, „wurden durch verbesserte Herstellungsverfahren vor allem die Nitrosamingehalte von Bier und gepökelten Fleischerzeugnissen deutlich gesenkt".

5.   Konventionelle Ware vs. Ökologischer Landbau

Alle Untersuchungen, in denen Pestizid-Rückstände ökologischer und konventioneller Lebensmittel verglichen werden, kommen seit Jahren zu dem Ergebnis, dass konventionelle Ware ist weitaus höher belastet als biologisch produzierte. Dieses soll an den Beispielen des Öko-Monitorings des Landes Baden-Württemberg sowie einer Untersuchung des Magazins *Öko-Test* im Folgenden gezeigt werden.

In der baden-württembergischen Studie wurden im Jahr 2008 Warenproben von Obst und Gemüse aus kontrolliert ökologischem und konventionellem Anbau miteinander verglichen.

Das Ergebnis war, dass mehr als drei Viertel der konventionellen Ware, in zum Teil hohem Maße, pestizidbelastet war. Obst und Gemüse aus dem Ausland sogar oft mehrfach, dabei überschritten einzelne Werte die von der EU festgelegten Höchstmengen (vgl. MINISTERIUM FÜR ERNÄHRUNG UND LÄNDLICHEN RAUM BADEN-WÜRTTEMBERG 2008: 26-49). Siehe dazu auch *Abb.1*:

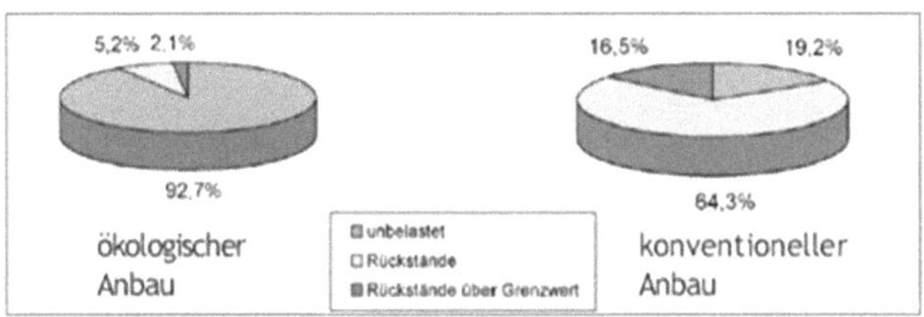

Abb. 1 Ergebnisse der baden-württembergischen Vergleichsstudie

Das Magazin *Öko Test* hat in einer Untersuchung aus dem Jahr 2003 25 Äpfel der meistgekauften Sorten getestet. Die Ergebnisse waren zum Teil Besorgnis erregend.

Nur vier der 25 getesteten Apfelsorten waren frei von Pestiziden, darunter die beiden getesteten Bio-Äpfel. Die beiden Früchte aus konventionellem Anbau ohne Pestizidrückstände stammten aus Deutschland und Frankreich. 21 Äpfel enthielten 17 verschiedene Pestizide, oft mehrere gleichzeitig, 12 dieser Pestizide sind in Deutschland nicht zugelassen (vgl. HANSEN 2003: 2).

6.   Fazit und Ausblick

Abschließend muss (leider) konstatiert werden: Schadstofffreie Lebensmittel gibt es nicht. Gesundheitsschäden durch Schadstoffrückstände stellen in Deutschland jedoch eher eine Ausnahme dar. Dennoch gilt im Sinne der Risikominderung, dass die konsequente

Überwachung und Minimierung von Rückständen, Verunreinigungen und Schimmelpilzgiften von großer Bedeutung für den Verbraucherschutz ist.

Kapitel 5 hat zwar gezeigt, dass ökologische Ware im Gegensatz zu konventioneller Ware frei von Pflanzenschutzmittelrückständen ist. Sie kann jedoch in gleichem Maße (und ist nicht selten) durch atmosphärische Schadstoffe belastet sein wie konventionell angebaute landwirtschaftliche Erzeugnisse.

Trotz unterschiedlicher Lebensmittel- und Warenkorb-Monitorings auf unterschiedlichen administrativen Ebenen gibt es nach wie vor in einigen Bereichen nach Meinung vieler Autoren große Wissenslücken und daher hohen Forschungsbedarf insbesondere in Bezug auf Stoffe, die bei der Be- und Verarbeitung sowie bei der Zubereitung von Lebensmitteln entstehen.

Jede und jeder einzelne kann bis zu einem bestimmten Grad selbst bestimmen, wie hoch der Anteil an unerwünschten Stoffen ist, den sie/er mit der Nahrung aufnimmt. Es ist in diesem Zusammenhang von großer Bedeutung, sich sowohl abwechslungsreich als auch saisongerecht zu ernähren. Eine abwechslungsreiche Zusammenstellung der Nahrung ermöglicht nicht nur die Versorgung mit allen wichtigen Nährstoffen, sondern vermeidet auch eine erhöhte Aufnahme von unerwünschten Stoffen. Saisongerechte Ernährung ist deshalb von so großer Wichtigkeit, weil außerhalb der natürlichen Wachstumsperiode Obst und Gemüse häufig nur mit hohem Einsatz von Energie und Pflanzenschutzmitteln erzeugt werden können. Wertgebende Inhaltsstoffe (z. B. Vitamine) sind dann nicht immer voll ausgebildet.

Auch wenn, wie im Folgenden beschrieben, eine schadstoffbewusste Ernährung durch die Zubereitung von Lebensmitteln in erheblicher Weise gesteuert werden kann, bewusste Ernährung beginnt bereits beim Einkauf. Viele Menschen lassen sich bei der Auswahl von Obst und Gemüse von deren einwandfreier Optik überzeugen (z. B. glänzende Äpfel, gänzlich ohne braune Stellen), obwohl viele gleichzeitig wissen, welchen (gesundheitlichen und ökologischen) Preis sie dafür zahlen. Diesbezüglich müsste ein Umdenken einsetzen und zwar dahingehend, dass Inhaltsstoffe anstelle von Aussehen als prioritär angesehen werden.

In jedem Fall sollte man darauf achten, dass das Obst und Gemüse vor dem Verzehr gewaschen und gegebenenfalls geschält wird. Auf diese Weise können Schwermetallablagerungen und Rückstände von Pflanzenschutzmitteln entfernt bzw. verringert werden. Auch sollten bei der Zubereitung von Speisen schonende Garmethoden gewählt werden. Zweifellos werden durch das Garen von Lebensmitteln Krankheitserreger abgetötet oder aber auch Giftstoffe unschädlich beziehungsweise das Lebensmittel verträglich gemacht. Dennoch gehen bei jeder Garmethode Nährstoffe aus den Lebensmitteln verloren, da sie durch die Hitze zerstört werden oder ins Kochwasser übergehen.

Im Sinne einer möglichst schadstofffreien Ernährung sollte man ebenfalls darauf achten, Lebensmittel kühl zulagern und im Umgang mit Lebensmitteln die Hygiene grundsätzlich hoch zu halten. Angeschimmelte Lebensmittel sollten im Zweifel lieber weggeworfen werden.

Literaturverzeichnis

ALBRECHT; M., JUNGKUNZ, G.: Bedeutung und Gefährlichkeit von Nitrosaminen. Verbraucherinformationssystem Bayern.

http://www.vis.bayern.de/ernaehrung/lebensmittelsicherheit/unerwuenschte_stoffe/nitros amine.htm

Erstellt: 01.05.2002, Abruf: 30.12.2010

BADEN-WÜRTTEMBERGISCHES MINISTERIUM FÜR ERNÄHRUNG UND LÄNDLICHEN RAUM. Öko-Monitoring 2008. Programm der Lebensmittelüberwachung Baden-Württemberg.

BAYRISCHE LANDESANSTALT FÜR LANDWIRTSCHAFT: Arbeitsschwerpunkt „Mykotoxine"

http://www.lfl.bayern.de/arbeitsschwerpunkte/mykotoxine/

Erstellt: 2006, Abruf: 10.02.2011

BAYRISCHES LANDESAMT FÜR GESUNDHEIT UNF LEBENSMITTELSICHERHEIT 2008a: Nitrat-Gehalt in Gemüse.

http://www.lgl.bayern.de/lebensmittel/rueckstaende/nitrat_gemuese.htm

Erstellt: 2008, Abruf: 1.12.2010

BAYRISCHES LANDESAMT FÜR GESUNDHEIT UNF LEBENSMITTELSICHERHEIT 2008b: Arzneimittelrückstände in Tieren und tierischen Lebensmitteln

http://www.lgl.bayern.de/lebensmittel/rueckstaende/tierarzneimitteluntersuchungen.htm

Erstellt: 09.06.2008, Abruf: 30.11.2010

BUNDESAMT FÜR VERBRAUCHERSCHUTZ UND LEBENSMITTELSICHERHEIT (BVL). 2009. Berichte zur Lebensmittelsicherheit 2009. Lebensmittel Monitoring. Berlin.

BUNDESAMT FÜR VERBRAUCHERSCHUTZ UND LEBENSMITTELSICHERHEIT (BVL). 2008. Berichte zur Lebensmittelsicherheit 2008. Lebensmittel Monitoring. Berlin.

BUNDESAMT FÜR VERBRAUCHERSCHUTZ UND LEBENSMITTELSICHERHEIT. (BVL) 2007. Berichte zur Lebensmittelsicherheit 2007. Lebensmittel Monitoring. Berlin.

BUNDESAMT FÜR VERBRAUCHERSCHUTZ UND LEBENSMITTELSICHERHEIT. (BVL) 2006. Berichte zur Lebensmittelsicherheit 2006. Lebensmittel Monitoring. Berlin.

BUNDESMINISTERIUM FÜR ERNÄHRUNG; LANDWIRTSCHAFT UND VERBRAUCHERSCHUTZ o. J.: Lebensmittelkontrolle in Deutschland.

http://www.bmelv.de/SharedDocs/Standardartikel/Ernaehrung/SichereLebensmittel/Kont rolle-Krisenmanagement/Lebensmittelueberwachung.html

Erstellt: keine Angabe, Abruf: 2.12.2010

DIRSCHAUER, C., KESSNER, L., JURETZKO, B. 2009. Rückstände, Verunreinigungen und Schadstoffe in Lebensmitteln. Bonn: AID Infodienst – Verbraucherschutz, Ernährung, Landwirtschaft e. V.

EUROPÄISCHE KOMMISSION 2006: Lebensmittelsicherheit – Vom Erzeuger bis zum Verbraucher.

http://ec.europa.eu/food/food/index_de.htm

Erstellt: keine Angabe, Abruf:23.11.2010

THE EUROPEAN FOOD INFORMATION COUNCIL 2004: European Consumers Trust in Food. A European Study of the Social and Institutional Conditions for the Production of Trust.

http://www.eufic.org/article/en/show/consumer-insights/rid/Consumers-attitude-food

Erstellt: keine Angabe, Abruf: 15.01.2011

HANSEN, H. 2003. Testbericht „Veräppelt". In: Öko Test. Frankfurt am Main.

MEYER, A.H., STREINZ, R. 2002. Lebens- und Futtermittelgesetzbuch. Basis VO. München: C. H. Beck.

NIEDERSÄCHSISCHES LANDESAMT FÜR VERBRAUCHERSCHUTZ UND LEBENSMITTELSICHERHEIT o. J.. Aktuelle Untersuchungen von Lebensmitteln auf ihren Gehalt an Aflatoxinen.

http://www.laves.niedersachsen.de/live/live.php?navigation_id=20053&article_id=73244 &_psmand=23

Erstellt: k. A., Abruf: 07.12.2010

OLTERSDORF, U. 2003: Entwicklungstendenzen bei Nahrungsmittelnachfrage und ihre Folgen. Karlsruhe: Bundesforschungsanstalt für Ernährung.

SCHAFFT, H., ITTER, H. 2009. Risikobewertung von Cadmium in Schokolade. Berlin: Bundesinstitut für Risikobewertung.

TERNES, W., TÄUFEL, A., TUNGER, L., ZOBEL, M. 2005. Lebensmittel-Lexikon. 4. Aufl. Hamburg: Behr.

Anhang

VERORDNUNG (EG) Nr. 401/2006 DER KOMMISSION

vom 23. Februar 2006

zur Festlegung der Probenahmeverfahren und Analysemethoden für die amtliche Kontrolle des Mykotoxingehalts von Lebensmitteln

(Text von Bedeutung für den EWR)

DIE KOMMISSION DER EUROPÄISCHEN GEMEINSCHAFTEN —

gestützt auf den Vertrag zur Gründung der Europäischen Gemeinschaft,

gestützt auf die Verordnung (EG) Nr. 882/2004 des Europäischen Parlaments und des Rates vom 29. April 2004 über amtliche Kontrollen zur Überprüfung der Einhaltung des Lebensmittel-und Futtermittelrechts sowie der Bestimmungen über Tiergesundheit und Tierschutz ([1]), insbesondere auf Artikel 11 Absatz 4,

in Erwägung nachstehender Gründe:

(1) Die Verordnung (EG) Nr. 466/2001 der Kommission vom 8. März 2001 zur Festsetzung der Höchstgehalte für bestimmte Kontaminanten in Lebensmitteln ([2]) sieht Höchstgehalte für bestimmte Mykotoxine in bestimmten Lebensmitteln vor.

(2) Die Probenahme spielt eine entscheidende Rolle, was die Genauigkeit der Bestimmung des Gehalts an Mykotoxinen anbelangt, die in einer Partie sehr heterogen verteilt sind. Daher müssen allgemeine Kriterien festgelegt werden, die die Probenahmeverfahren erfüllen sollten.

(3) Es ist außerdem notwendig, allgemeine Kriterien festzulegen, denen die Analysemethode genügen sollte, damit die Kontrolllaboratorien Analysemethoden mit vergleichbarem Leistungsniveau anwenden.

(4) Mit der Richtlinie 98/53/EG der Kommission vom 16. Juli 1998 zur Festlegung von Probenahmeverfahren und Analysemethoden für die amtliche Kontrolle bestimmter Lebensmittel auf Einhaltung der Höchstgehalte für Kontaminanten ([3]) werden Probenahmeverfahren und Leistungskriterien für die Analysemethoden festgelegt, die bei der amtlichen Kontrolle der Aflatoxingehalte von Lebensmitteln anzuwenden sind.

(5) Mit der Richtlinie 2002/26/EG der Kommission vom 13. März 2002 zur Festlegung der Probenahmeverfahren und Analysemethoden für die amtliche Kontrolle der Ochra-

toxin-A-Gehalte in Lebensmitteln ([4]), der Richtlinie 2003/78/EG der Kommission vom 11. August 2003 zur Festlegung der Probenahmeverfahren und Analysemethoden für die amtliche Kontrolle des Patulingehalts von Lebensmitteln ([5]) und der Richtlinie 2005/38/EG der Kommission vom 6. Juni 2005 zur Festlegung der Probenahmeverfahren und Analysemethoden für die amtliche Kontrolle des Gehalts an Fusarientoxinen in Lebensmitteln ([6]) werden entsprechende Probenahmeverfahren und Leistungskriterien für Ochratoxin A, Patulin bzw. Fusarientoxine festgelegt.

(6) Wann immer möglich, sollte ein und dasselbe Probenahmeverfahren zur Kontrolle auf Mykotoxine beim gleichen Erzeugnis angewandt werden. Daher sollten die Probenahmeverfahren und Leistungskriterien für die Analysemethoden, die bei der amtlichen Kontrolle aller Mykotoxine anzuwenden sind, in einem einzigen Rechtsakt zusammengeführt werden, damit sie leichter anwendbar sind.

(7) Aflatoxine sind in einer Partie sehr heterogen verteilt, vor allem in einer Partie Lebensmittel mit großer Partikelgröße, wie etwa getrocknete Feigen oder Erdnüsse. Damit bei Lebensmittelchargen mit großer Partikelgröße die gleiche Repräsentativität erreicht wird, sollte das Gewicht der Sammelprobe größer sein als bei Lebensmittelchargen mit kleinerer Partikelgröße. Da die Verteilung der Mykotoxine in verarbeiteten Erzeugnissen im Allgemeinen weniger heterogen ist als in den unverarbeiteten Getreideerzeugnissen, sollten für verarbeitete Erzeugnisse einfachere Vorgehensweisen bei der Probenahme festgelegt werden.

(8) Die Richtlinien 98/53/EG, 2002/26/EG, 2003/78/EG und 2005/38/EG sollten daher aufgehoben werden.

(9) Das Datum des Geltungsbeginns dieser Verordnung sollte mit dem Datum des Geltungsbeginns der Verordnung (EG) Nr. 856/2005 der Kommission vom 6. Juni 2005 zur Änderung der Verordnung (EG) Nr. 466/2001 hinsichtlich Fusarientoxinen ([7]) zusammenfallen.

(10) Die in dieser Verordnung vorgesehenen Maßnahmen entsprechen der Stellungnahme des Ständigen Ausschusses für die Lebensmittelkette und Tiergesundheit —

(1) ABl. L 165 vom 30.4.2004, S. 1. Berichtigung im ABl. L 191 vom 28.5.2004, S. 1.
(2) ABl. L 77 vom 16.3.2001, S. 1. Verordnung zuletzt geändert durch die Verordnung (EG) Nr. 199/2006 (ABl. L 32 vom 4.2.2006, S. 34).
(3) ABl. L 201 vom 17.7.1998, S. 93. Richtlinie zuletzt geändert durch die Richtlinie 2004/43/EG (ABl. L 113 vom 20.4.2004, S. 14).

(4) ABl. L 75 vom 16.3.2002, S. 38. Richtlinie zuletzt geändert durch die Richtlinie 2005/5/EG (ABl. L 27 vom 29.1.2005, S. 38).
(5) ABl. L 203 vom 12.8.2003, S. 40.
(6) ABl. L 143 vom 7.6.2005, S. 18.
(7) ABl. L 143 vom 7.6.2005, S. 3.

HAT FOLGENDE VERORDNUNG ERLASSEN:

Artikel 1

Die Probenahme zur amtlichen Kontrolle der Mykotoxingehalte von Lebensmitteln sollte gemäß den in Anhang I dargelegten Methoden durchgeführt werden.

Artikel 2

Die Probenaufbereitung und die Analysemethoden für die amtliche Kontrolle der Mykotoxingehalte von Lebensmitteln erfüllen die in Anhang II aufgeführten Kriterien.

Artikel 3

Die Richtlinien 98/53/EG, 2002/26/EG, 2003/78/EG und 2005/38/EG werden aufgehoben.

Bezugnahmen auf die aufgehobenen Richtlinien gelten als Bezugnahmen auf die vorliegende Verordnung.

Artikel 4

Diese Verordnung tritt am zwanzigsten Tag nach ihrer Veröffentlichung im *Amtsblatt der Europäischen Union* in Kraft.

Sie gilt ab 1. Juli 2006.

Diese Verordnung ist in allen ihren Teilen verbindlich und gilt unmittelbar in jedem Mitgliedstaat.

Brüssel, den 23. Februar 2006

Für die Kommission
Markos KYPRIANOU
Mitglied der Kommission

Spekulieren um Spekulatius

Wenn das Oma gewusst hätte - Acrylamid im Weihnachtsgebäck

VON Hans Schuh | 12. Dezember 2002 - 13:00 Uhr

Die Wertschätzung vieler Nahrungsmittel schwankt zunehmend wie die Börsenkurse. Gestützt auf Formeln und Zahlen, erklären uns die einen Ernährungsberater, wie gesund und vitaminreich ein bestimmtes Produkt sei - während uns andere Nahrungs-Analysten ebenso zahlen- und formelreich vor tödlichen Risiken desselben Produkts warnen.

Nehmen wir die Bratkartoffel. Nach dem Krieg stand sie hoch im Kurs. Ein solides Bratkartoffel-Verhältnis galt als überlebenswichtig. Mit Gänseschmalz ein Traum! Doch längst ist die Bratkartoffel-Hausse wie eine Blase geplatzt, nun kippt sie um in eine Baisse. Kross gebräunte Kartoffeln, ob als Fritten, Puffer oder Rösti, enthalten Acrylamid, den Krebserreger des Jahres. Und Gänseschmalz, Gott bewahre! Tierische Fette, das weiß heute jedes Kind, gelten als ungesund. Darin sammelt sich der Pestizidsumpf der Industriegesellschaft, DDT, Dioxin, Nitrofen. Wer kerngesund leben will, behandelt Weihnachtsgänsefett am besten wie Sondermüll.

Nun haben die Analysten auch noch das Weihnachtsgebäck ins Visier genommen.

Brandaktuell warnen Verbraucherschützer vor Lebkuchen, Pfeffernüssen oder Spekulatius. Acrylamid ist überall. Für Genuss mit wenig Reue wird die Weihnachtsdevise ausgegeben: "Vergolden statt verkohlen!" Allenfalls 190 Grad Ofentemperatur seien "noch vertretbar". Bei 220 Grad hingegen "können die Acrylamidwerte in die Höhe schnellen und die Kekse bitter schmecken". Da hatte unsere Oma, die bittere "Brandenburger" einfach aussortierte, doch den richtigen Riecher.

Die Crux beim Acrylamid ist, dass es aus gesunden, natürlichen Inhaltsstoffen entsteht, nämlich wenn Stärke und der Eiweißbestandteil Asparagin stark erhitzt werden und sich dabei eine Kruste bildet. Dünne Pommes frites, kross und braun, enthalten mehr Acrylamid als dicke, bleiche Schlabberfritten, die aussehen wie Engerlinge und fade schmecken. Fundamentalisten würden Backen, Grillen und scharfes Anbraten am liebsten verbieten. Stammten die Stoffe, die dabei entstehen, aus der Industrie, sie wären längst verbannt. Andererseits wird ja seit Urzeiten gegrillt und gebacken, Acrylamid gehört gewissermaßen zur Kultur.

Was also tun? Die Wahrheit ist, dass niemand die Spekulatius-Gefahr zuverlässig einschätzen kann. Industriearbeiter, die mit synthetischem Acrylamid umgingen, zeigten keine erhöhten Krebsraten. Allerdings sind die Fallzahlen gering. Die Ergebnisse aus Tierversuchen sind nicht auf Menschen übertragbar, weil man die Chemie dieser Krebsauslösung noch nicht versteht.

Und darum erinnert die aktuelle Debatte an das Gewäsch von Anlageberatern mit todsicheren Börsentipps.

Man kann aufgeregt mitspekulieren. Oder gelassen am Gebäck knabbern. Denn wer im Sommer krebserregendes Grillfleisch genießt, ganzjährig kanzerogene Alkoholika verkostet, der mag auch winters fröhlich backen. Bei moderater Temperatur.